孩子们喜欢读的百科全书

翼龙的神奇之旅

雨 田 主编

扫码后回复"翼龙"即
可获得更多恐龙知识

北方联合出版传媒（集团）股份有限公司
辽宁少年儿童出版社
沈阳

前言
FOREWORD

从宋代毕昇发明了活字印刷术到 2011 年中国首个目标飞行器"天宫一号"顺利升空。近千年来,中国在科技方面取得了令世人瞩目的成绩, 一个强大的科技创新之国在东方崛起,促使这些变化发生的就是科技的力量。

从古至今,科学发展从来没有停止过,从而人类的科学文化知识越来越丰富。又因为科学知识如此丰富,以至于人类从诞生的一刻到现在,对科学的探索就一直没有停止过。神奇的自然现象中,宇宙的来源、地球的未解之谜、海洋蕴含的巨大宝藏还需要我们继续探索和发掘。丰富多彩的动植物中,从史前活跃的恐龙,到现在种类繁多的动物,它们有哪些生活习性?尖端科技方面,航天领域的新材料、医药方面的新产品、交通运输方面的新工具、工农业方面的新能源,这些无不显示着是科技改变了世界。人文科学方面,千年古国的文明、人类历史的发展、杰出人物的成功之道,这些都是科学的结晶。科学改变世界的力量是有目共睹的。门捷列夫说过，科学不但能给青年人以知识，给老年人以快乐，还能使人惯于劳动和追求真理，能为人民创造真正的精神财富和物质财富，能创造出没有它就不能获得的东西。历史证明，科学的力量是无穷的。面对那些亟待我们去探索的科学，青少年们，你们是否迫切地想向科学进军？是否想探求科学的秘密呢？那么，快随着我们来到《孩子们喜欢读的百科全书》的世界中吧！在这里，你们将会在整个历史长河中徜徉，亲历名人们的成才历程，与动物交朋友，进行太空、海洋之旅，体验科学带来的乐趣。

巴甫洛夫说："无论鸟的翅膀是多么完美，如果不凭借着空气，它们是永远不会飞翔于高空的。而事实就是科学家的空气。"鸟儿尚且要凭借空气来振翅天空，作为国家未来的青少年们，我们只有通过学习科学知识，才能为自己插上一双理想的翅膀，翱翔于广阔的天际。

编　者

双型齿兽

- 长度：1.2 米（翼展）
- 种类：翼龙类
- 食物：鱼类、小型动物
- 生存地域：欧洲

zài suǒ yǒu de lǐng yù zhōng　wǒ zuì
在所有的领域中，我最

xǐ huan de shì tiān kōng　wǒ xǐ huan zài tiān
喜欢的是天空。我喜欢在天

shàng fēi xiáng de gǎn jué　yīn wèi zhè ge shí
上飞翔的感觉，因为这个时

hou wǒ jiù wàng jì le zì jǐ shì yì zhī hěn
候我就忘记了自己是一只很

chǒu de dòng wù　wǒ jiào èr xíng chǐ yì
丑的动物。我叫二型齿翼

lóng　yě jiào shuāng xíng chǐ shòu
龙，也叫双型齿兽。

wǒ zài zhū luó jì shí qī de tiān kōng zhōng
我在侏罗纪时期的天空中
fēi xiáng　nà shí de kōng qì wēn nuǎn　dà dì cháo
飞翔，那时的空气温暖，大地潮
shī　sān dié jì shí qī gān zào de shā mò dì dài zài
湿。三叠纪时期干燥的沙漠地带在
zhū luó jì zǎo qī chà bu duō quán bù xiāo shī le
侏罗纪早期差不多全部消失了。

侏罗纪

　　侏罗纪的名称取自德国、法国、瑞士边界的侏罗山。在侏罗纪时期，盘古大陆开始分裂，各大洲和大洋开始形成。适宜的气候使裸子植物生长繁茂，恐龙、翼龙类、鱼类和各种哺乳动物、昆虫生活在一起，呈现一片欣欣向荣的生命景象。

zǎo qī de zhū luó jì shì yí gè chōng
早期的侏罗纪是一个充

mǎn yáng guāng de shì jiè dà liàng de sù shí
满阳光的世界,大量的素食

kǒng lóng zài dà dì shang fán yǎn shēng xī tiān
恐龙在大地上繁衍生息,天

kōng zé bèi wǒ de dà dà xiǎo xiǎo de tóng lèi
空则被我的大大小小的同类

men zhàn jù zhe
们占据着。

wǒ yǒu yì shuāng yòu dà yòu liàng de yǎn jing　　zài gāo gāo de tiān shàng　wǒ
我有一双又大又亮的眼睛,在高高的天上,我

néng háo bú fèi lì de kàn qīng chu dà dì shang de yí qiè　　cóng shēn qū páng
能毫不费力地看清楚大地上的一切——从身躯庞

dà　xíng dòng chí huǎn de dà kǒng lóng dào shēn
大、行动迟缓的大恐龙到身

cái shòu xiǎo　xíng dòng mǐn jié de xiǎo xī yì
材瘦小、行动敏捷的小蜥蜴。

wǒ měi tiān zài tiān kōng zhōng fēi xíng jǐ hū rèn
我每天在天空中飞行,几乎认

shi suǒ yǒu de dòng wù duì tā men de shēng huó yě shí
识所有的动物,对他们的生活也十

fēn shú xi dāng rán tā men yě
分熟悉,当然他们也

dōu rèn shi wǒ ér qiě xiàng wǒ
都认识我。而且,像我

de lǎo zǔ mǔ yí yàng wǒ yě
的老祖母一样,我也

zhī dào yì xiē wèi lái de shì
知道一些未来的事。

双型齿兽

双型齿兽最奇特的地方就是嘴巴。和其他翼龙的嘴巴不同,它的嘴巴又大又深,很像现在海鸥的喙。人们推测,这种奇特形状的嘴巴可能是适于捕食鱼类,或者在追求异性的时候吸引对方用的,又或者只是一种炫耀的工具。

ràng wǒ nán kān de yí jiàn shì shì   wǒ zhǎng de tài chǒu le   wǒ de chì bǎng
让我难堪的一件事是:我长得太丑了。我的翅膀

hěn cháng   yì zhǎn zú yǒu   mǐ   wǒ de zhǎo hěn jiān   wǒ de wěi ba jiān er shang
很长,翼展足有1.2米;我的爪很尖;我的尾巴尖儿上

hái yǒu yí kuài yuán xíng gǔ piàn
还有一块圆形骨片。

正双型齿兽

在三叠纪晚期的欧洲，正双型齿兽是天空中的霸主。这是一种会飞的爬行动物，并不是恐龙，它们拥有像蝙蝠一样由皮膜形成的翅膀，在身体侧面、前后肢之间长出来。通过这双巨型翅膀，正双型齿兽不仅能在海面低飞滑翔，还能在高空中疾速飞行。

hé wǒ de zǔ xiān zhèng shuāng xíng chǐ
和我的祖先正双型齿

shòu yí yàng wǒ yě shì jiè zhù pí mó xíng
兽一样，我也是借助皮膜形

chéng de chì bǎng fēi xíng de wǒ de chì bǎng
成的翅膀飞行的，我的翅膀

hé qián zhǎo de zhǎo zhǐ lián zài yì qǐ wǒ de
和前爪的爪指连在一起。我的

zuǐ ba shí zài shì bù hǎo kàn yòu dà yòu shēn
嘴巴实在是不好看，又大又深。

wǒ de zǔ mǔ céng jīng gào su
我的祖母曾经告诉

wǒ bìng bú shì suǒ yǒu de yì lóng dōu
我：并不是所有的翼龙都

yǒu wǒ zhè me dà de zuǐ ba zài zhū luó
有我这么大的嘴巴。在侏罗

jì wǎn qī huì fēi de jué hé lóng hé
纪晚期，会飞的掘颌龙和

yì shǒu lóng tā men de zuǐ ba dōu shì
翼手龙，他们的嘴巴都是

yòu jiān yòu cháng de bìng bù bǐ wǒ de
又尖又长的，并不比我的

hǎo kàn
好看。

tīng le zǔ mǔ de huà
听了祖母的话，

wǒ zǒng suàn dé dào le xiē xǔ
我总算得到了些许

ān wèi hòu lái zǔ mǔ lí kāi
安慰。后来，祖母离开

le wǒ wǒ jiù zhǐ hǎo zì jǐ
了我，我就只好自己

qù jié shí yì xiē xīn péng you
去结识一些新朋友。

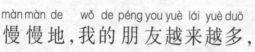

màn màn de wǒ de péng you yuè lái yuè duō
慢慢地，我的朋友越来越多，

wǒ zhī dào de shì qing yě yuè lái yuè duō le
我知道的事情也越来越多了。

zài lù dì shang　wǒ de péng you yǒu de zhǎng de hěn xiǎo　yǒu de zhǎng de
在陆地上，我的朋友有的长得很小，有的长得

jí dà　dàn tā men dōu yǒu yí gè gòng tóng de tè diǎn　nà jiù shì tā men dōu shì
极大，但他们都有一个共同的特点，那就是他们都是

sù shí dòng wù　wǒ jīng cháng gěi tā men
素食动物。我经常给他们

tōng bào ròu shí dòng wù de xíng zōng
通报肉食动物的行踪。

凶猛的食肉恐龙

食肉恐龙的个头大小不一，小的只有家猫一半大小，大的可长达15米。现在发现了一种比暴龙还凶猛的食肉恐龙的化石。经研究，这种恐龙的撕咬能力至少是鲨鱼和鳄鱼的10倍。它只要想吃东西，任何东西甚至一辆悍马汽车都能被撕成碎片。

wǒ de péng you zhōng zuì
我的朋友中最
xiǎo de shì xiǎo tuó shòu tā zhǐ yǒu
小的是小驼兽。他只有
lí mǐ cháng shì lèi bǔ rǔ
50厘米长，是类哺乳
dòng wù zhōng de pá xíng dòng wù
动物中的爬行动物，
shǔ yú quǎn chǐ shòu jiā zú xiǎo
属于犬齿兽家族。小
tuó shòu shēn tǐ xiān xì wěi ba
驼兽身体纤细，尾巴
xì cháng xǐ huan chī zhí wù de
细长，喜欢吃植物的
gēn suǒ yǐ tā men de mén yá tè
根，所以他们的门牙特
bié dà
别大。

wǒ men xiāng
我们相

shí de gù shi hěn
识的故事很

yǒu qù   nà tiān   wǒ
有趣。那天,我

zhuō dào yì tiáo dà yú   cóng
捉到一条大鱼,从

shuǐ miàn shang fēi qǐ shí   yí zhèn
水面上飞起时,一阵

lěng fēng tū rán zuān jìn wǒ de sǎng zi li   wǒ
冷风突然钻进我的嗓子里,我

bù yóu de dǎ le yí gè dà pēn tì   pàng hū hū
不由得打了一个大喷嚏,胖乎乎

de yú yí xià zi jiù diào dào le dì shang
的鱼一下子就掉到了地上。

小驼兽

在侏罗纪早期的欧洲地区,生活着一种很像鼬鼠的动物,它们的名字叫作小驼兽。它们身长50厘米,重5~10千克。小驼兽的外表可能长着毛发,所以它们与哺乳动物非常相像。又因为身形小,所以它们经常要躲避肉食动物的追捕。

méi xiǎng dào yú zhèng hǎo
没想到，鱼正好

luò zài le sì chù mì shí de xiǎo tuó
落在了四处觅食的小驼

shòu miàn qián xià le tā yí
兽面前，吓了他一

tiào tā bù zhī dào yú shì
跳。他不知道鱼是

shéi de jiù zài yuán dì děng
谁的，就在原地等

le yí huì er zuì hòu tā
了一会儿。最后他

zhī dào yú shì wǒ diū de
知道鱼是我丢的，

jiù dà fang de bǎ yú huán
就大方地把鱼还

gěi le wǒ
给了我。

cóng cǐ wǒ hé xiǎo tuó shòu chéng le péng you wèi duǒ bì ròu shí dòng wù
从此，我和小驼兽成了朋友。为躲避肉食动物

de xí jī hé qīn rǎo tā cháng duǒ jìn cóng lín zhōng huò zài shā dì xià dǎ dòng
的袭击和侵扰，他常躲进丛林中，或在沙地下打洞。

hǎo zài tā chī de bù duō bú bì jīng cháng wài chū xún zhǎo shí wù yù dào dí rén
好在他吃得不多，不必经常外出寻找食物，遇到敌人

de jī huì yě jiù bǐ jiào shǎo
的机会也就比较少。

wǒ de péng you zhōng tǐ xíng zuì dà de shì bā lā
我的朋友中体形最大的是巴拉

pà lóng tā shǔ yú cháng jǐng sù shí kǒng lóng shì zuì zǎo
帕龙，他属于长颈素食恐龙，是最早

de cháng jǐng kǒng lóng zhī yī bā
的长颈恐龙之一。巴

lā pà lóng de shēn tǐ cháng dá
拉帕龙的身体长达15

mǐ zhǎng zhe cū zhuàng de sì
米，长着粗壮的四

zhī wǒ men dōu guǎn tā jiào cū
肢，我们都管他叫"粗

tuǐ xī yì
腿蜥蜴"。

  巴拉帕龙的化石

　　巴拉帕龙又叫巨脚龙、巨腿龙，由于它的大型腿骨而得名。迄今为止，人们只在印度发现了巴拉帕龙的化石。由于这种恐龙的颅骨和脚掌骨现在还没有被发现，所以对于其他骨骼的研究还远不能使人们给它建立详细的资料。

HAIZIMEN XIHUAN DU DE BAIKE QUANSHU

bié kàn bā lā pà lóng gè zi hěn
别看巴拉帕龙个子很

dà　 qí shí tā shì wǒ jiàn guo de xìng qíng
大，其实他是我见过的性情

zuì wēn hé de kǒng lóng　 měi cì jiàn dào wǒ
最温和的恐龙。每次见到我，

tā dōu ràng wǒ zuò dào tā de shēn shang　 hé
他都让我坐到他的身上，和

tā yì qǐ zài lín zi zhōng mì shí
他一起在林子中觅食。

巴拉帕龙的种类

　　巴拉帕龙是人们所知道的最早的长颈恐龙。巴拉帕龙是已知最早的蜥脚目下的恐龙之一。为了减轻体重，后期的蜥脚目恐龙的脊椎已经进化为空心的，而巴拉帕龙的脊椎却几乎是实心的，所以说它是早期的蜥脚目的恐龙。

wǒ yí dàn kàn dào shén me
我一旦看到什么

dì fang yǒu mào shèng de zhēn yè shù
地方有茂盛的针叶树

huò sū tiě zhí wù jiù huì dì yī
或苏铁植物，就会第一

shí jiān gào su bā lā pà lóng ràng tā gēn zhe wǒ dào
时间告诉巴拉帕龙，让他跟着我到

nà ge dì fang dà chī yí dùn sù shí dòng wù de
那个地方大吃一顿。素食动物的

fàn liàng dōu shì hěn dà de
饭量都是很大的。

bā lā pà lóng xǐ huan chī zhí
巴拉帕龙喜欢吃植
wù de yè zi hé nèn zhī　tā de yá
物的叶子和嫩枝，他的牙
chǐ hěn fēng lì　kě yǐ qīng sōng de qiē
齿很锋利，可以轻松地切
duàn shí wù bìng jiāng qí jiáo suì　tā hái
断食物并将其嚼碎，他还
shuō zì jǐ cóng lái méi yǒu yá téng guo
说自己从来没有牙疼过。

wǒ dì yī cì jiàn dào bā lā pà
我第一次见到巴拉帕

 可爱的板龙

　　板龙有一辆公共汽车那样长。板龙的
牙齿不易咀嚼，它通过吞咽石头来帮助消
化。前爪平时按在地上时像脚趾，但当它
抓东西时，则会弯曲五个手指，攥成一个
拳头。板龙不适宜四肢着地行走，因为它
的脖子太长，使它头重脚轻。

lóng shí hái yǐ wéi tā shì bǎn lóng　dàn bā lā pà lóng gào su wǒ　tā zhǐ huì sì zhī
龙时还以为他是板龙，但巴拉帕龙告诉我：他只会四肢
zháo dì xíng zǒu　ér bǎn lóng què kě yǐ yī kào hòu tuǐ zhàn lì
着地行走，而板龙却可以依靠后腿站立。

hé bā lā pà lóng zài yì qǐ de shí hou　bú bì dān xīn dí rén
和巴拉帕龙在一起的时候,不必担心敌人

de xí jī　yīn wèi nà xiē gè tóu er ǎi xiǎo de ròu shí dòng wù cóng
的袭击,因为那些个头儿矮小的肉食动物从

lái dōu bù gǎn mào fàn tā　jǐn guǎn bā lā pà lóng pǎo de bú
来都不敢冒犯他。尽管巴拉帕龙跑得不

kuài　dàn tā de gè tóu er què zú yǐ lìng dí rén wàng
快,但他的个头儿却足以令敌人望

ér shēng wèi
而生畏。

bú guò   bā lā pà lóng
不过，巴拉帕龙

cóng lái méi yǒu yīn wèi zì jǐ de
从来没有因为自己的

shēn tǐ ér jiāo ào guo   tā zǒng
身体而骄傲过。他总

xī wàng zì jǐ yǒu yì tiān néng
希望自己有一天能

gòu xiàng bǎn lóng nà yàng yòng hòu
够像板龙那样用后

tuǐ zhàn lì zhe qù chī shù shang
腿站立着去吃树上

de yè zi   tā rèn wéi nà yàng
的叶子，他认为那样

huì hěn shū fu
会很舒服。

巴拉帕龙

长度：18 米

种类：蜥脚类

食物：植物

生存地域：印度中部

bā lā pà lóng zǒng shì tú tái qǐ qián zhī yòng hòu
巴拉帕龙 总试图抬起前肢，用后

tuǐ zhàn lì shēn cháng bó zi qù gòu shù shang de yè zi
腿站立，伸长脖子去够树上的叶子。

dàn měi cì tā dōu shī bài yīn wèi tā de shēn tǐ shí zài
但每次他都失败，因为他的身体实在

tài zhòng le hòu zhī gēn běn wú fǎ chéng shòu
太重了，后肢根本无法承受

zhěng gè shēn tǐ de zhòng liàng
整个身体的重量。

zhè yì diǎn ān qí lóng dào
这一点安琪龙倒

shì zuò dào le　ān qí lóng shēn tǐ
是做到了。安琪龙身体

qīng qiǎo　kě yǐ tái qǐ qián zhī
轻巧，可以抬起前肢，

bǎ tóu shēn dào shù de gāo chù mì
把头伸到树的高处觅

shí　bú guò tā zài zěn me shēn
食。不过他再怎么伸

cháng bó zi yě bǐ bú shàng bā
长脖子也比不上巴

lā pà lóng　yīn wèi tā zhěng gè
拉帕龙，因为他整个

shēn tǐ cái　mǐ cháng
身体才2米长。

安琪龙

- 长度:1.7～2米
- 种类:原蜥脚类
- 食物:植物
- 生存地域:美国、南非、中国贵州地区

ān qí lóng qián zhī de dì yī zhǐ shang zhǎng zhe dà dà de zhǎo zhè hé sān

安琪龙前肢的第一指上，长着大大的爪，这和三

dié jì wǎn qī de jù zhuī lóng hěn xiàng wǒ yǐ qián yì zhí yǐ wéi tā mǔ zhǐ shang

叠纪晚期的巨椎龙很像。我以前一直以为他拇指上

de zhǎo zhǐ shì yòng lái bá zhí wù de gēn hé qiā shù yè de

的爪只是用来拔植物的根和掐树叶的。

但是，有一天，我在丛林上空飞翔的时候，忽然看见林中有两个体形差不多的动物在打架。他们互不相让，打得十分激烈，到处是折断的树枝。我急忙飞了过去。

安琪龙的化石

早在 1818 年，安琪龙就被发现了，但是直到 70 年后，科学家才意识到这是一种恐龙的化石，可见安琪龙化石的奇特。1973 年，中国贵州省 108 地质小队在贵州北部盆地进行地质勘探的时候发现了一具安琪龙的化石。

fēi dào jìn chù wǒ cái fā xiàn nà shì liǎng zhī ān qí lóng zài dǎ jià qí zhōng
飞到近处我才发现那是两只安琪龙在打架,其中

yì zhī ān qí lóng shēn chū mǔ zhǐ shang de lì zhǎo hěn hěn de zhā xiàng duì fāng de yǎn
一只安琪龙伸出拇指上的利爪狠狠地扎向对方的眼

jing   lìng wài yì zhī ān qí lóng méi
睛,另外一只安琪龙没

yǒu dī fang jiàn qíng xing bú lì gǎn
有提防,见情形不利,赶

máng táo pǎo le
忙逃跑了。

美丽的安琪龙

　　一般恐龙都长得庞大、丑陋,但是安琪龙却是恐龙家族中少见的美丽恐龙。三角形的小脑袋,修长的脖子、身体和尾巴,这使得它的身体呈流线型,非常匀称。安琪龙的前肢只有后肢的三分之一长,当它伸长脖子吃树叶的时候,样子既惬意又优雅。

jiàn wǒ zài yì páng guān zhàn huò shèng de ān qí lóng xiàng wǒ dé yì de
见我在一旁观战,获胜的安琪龙向我得意地

huàng le huàng lì zhǎo shuō wǒ bǐ tā lì hai wǒ gào su tā wǒ cái zhī
晃了晃利爪,说:"我比他厉害。"我告诉他,我才知

dào tā men de lì zhǎo yuán lái hái yǒu zhè ge yòng chù tā shuō qí shí zhī dào zhè me
道他们的利爪原来还有这个用处,他说其实知道这么

yòng de ān qí lóng bìng bù duō
用的安琪龙并不多。

zài zhū luó jì zǎo qī yǒu yì zhǒng
在侏罗纪早期，有一种

bǐ jiào tè bié de kǒng lóng jiào jī chǐ
比较特别的恐龙，叫畸齿

lóng dà jiā yě jiào tā men yì chǐ lóng jī
龙，大家也叫他们异齿龙。畸

chǐ lóng shì yì zhǒng niǎo jiǎo kǒng lóng shēn
齿龙是一种鸟脚恐龙，身

cái bù gāo dà yuē mǐ tā men dà duō
材不高，大约1米，他们大多

shēng huó zài shā mò dì dài
生活在沙漠地带。

畸齿龙

- 长度：约1米
- 种类：鸟脚类
- 食物：植物
- 生存地域：非洲、亚洲

畸齿龙与众不同之处在于,他们长有三种不同用途的牙齿。畸齿龙嘴部前端长有锋利的门牙,用来咬断树枝;两边长有利牙,用来咬断叶梗;后面长有板牙,用来咀嚼食物。

dàn bìng bú shì suǒ yǒu de jī chǐ lóng dōu zhǎng yǒu dà dà de lì yá zhǐ
但并不是所有的畸齿龙都 长 有大大的利牙，只

yǒu xióng xìng jī chǐ lóng cái yǒu xióng xìng jī chǐ lóng zhǔ yào yòng lì yá lái dǎ dòu
有雄性畸齿龙才有。雄性畸齿龙主要用利牙来打斗，

huò shì zhēng duó pèi ǒu hé shí wù yuán
或是争夺配偶和食物源。

jī chǐ lóng hé qí tā de sù shí
畸齿龙和其他的素食

kǒng lóng yí yàng　zài zuǐ bù qián miàn
恐龙一样，在嘴部前面

zhǎng yǒu yí gè jiǎo zhì huì　tā men de
长有一个角质喙。他们的

kǒu zhōng hái yǒu yí gè jiá náng　zài jǔ
口中还有一个颊囊，在咀

jué shí jiá náng kě yǐ yòng lái chéng zhuāng
嚼时颊囊可以用来盛装

shí wù
食物。

畸齿龙的帆状物

畸齿龙是早期小型恐龙之一，长约1米，身高仅到成人的膝盖处。其最明显的特征是背上的帆状物，这种物质可以用来调节体温，通过体温的调节，可以使畸齿龙有更多的时间捕捉猎物。当然，背上的帆状物也是求偶和吓唬敌人的好工具。

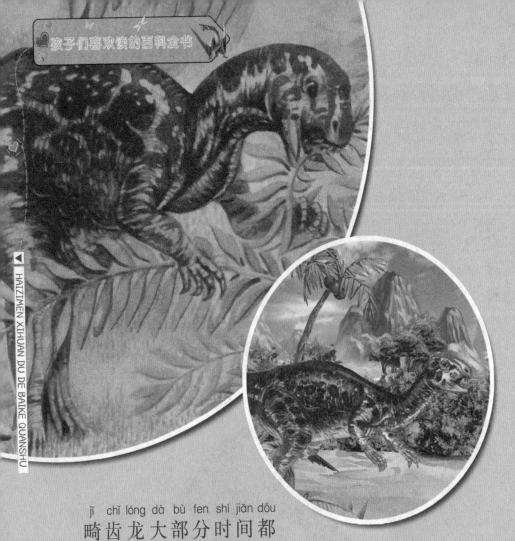

jī chǐ lóng dà bù fen shí jiān dōu
畸齿龙大部分时间都

yòng hòu tuǐ zhàn lì xíng zǒu cháng cháng
用后腿站立行走，长长

de wěi ba kě yǐ bǎo chí shēn tǐ píng
的尾巴可以保持身体平

héng zài bù mǎn shā zi de huāng mò dì
衡。在布满沙子的荒漠地

dài xiān xì de jiǎo zhǐ shǐ tā men bú zhì
带，纤细的脚趾使他们不至

yú xiàn rù ruǎn shā zhōng
于陷入软沙中。

  畸齿龙的化石

畸齿龙是最小的鸟脚类恐龙。2010
年，美国休斯敦自然博物馆的古生物学
家在得克萨斯州北部发现了一具距今
2.87亿年的完整的畸齿龙化石。这具化
石保存完好，是首次出土的该种类的畸
齿龙化石。

jī chǐ lóng chī shā mò dì dài de dī ǎi zhí wù　　wú lùn yè hái shi jīng
畸齿龙吃沙漠地带的低矮植物，无论叶还是茎，

dōu shì tā men zuì xǐ huan de shí wù　　jī chǐ lóng de qián zhī yǒu wǔ gè zhǐ　　mǔ
都是他们最喜欢的食物。畸齿龙的前肢有五个指，拇

zhǐ shang zhǎng yǒu yī zhī zhǎo　　tā men chī dōng xi shí huì yòng zhè zhī zhǎo zhuā
指上长有一只爪，他们吃东西时会用这只爪抓

zhù shí wù
住食物。

zài gān hàn de jì jié　jǐ chǐ lóng huì zhǎo yí gè dì xué　zuān dào lǐ miàn

在干旱的季节,畸齿龙会找一个地穴,钻到里面

shuì jiào　děng dào tā men rèn wéi hé shì de shí hou zài chū lái huó dòng hé mì shí

睡觉,等到他们认为合适的时候再出来活动和觅食。

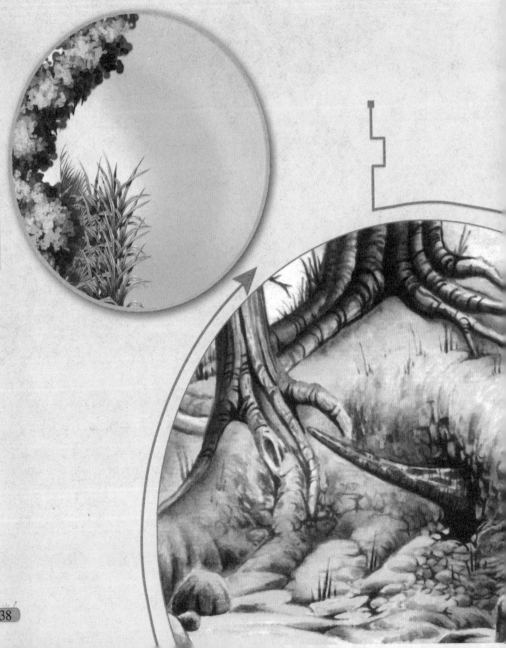

双冠龙的毒液

　　双冠龙，又名双棘龙、双嵴龙或双脊龙，生活于早侏罗纪。双冠龙曾多次出现在我们的生活中，电影《侏罗纪公园》中的双冠龙是一种会喷射毒液的恐龙，现实中这种毒液只有在它们捕食猎物的时候才会喷出，使猎物麻痹。

yǒu yí cì wǒ qù kàn tā　tā zhèng zài dì xué li shuì jiào　shēn tǐ quán
有一次我去看他，他正在地穴里睡觉，身体蜷

chéng yì tuán wǒ yòng zuǐ ba pèng peng tā　tā dǎ le gè hā qian　shuō tā xiàn zài
成一团。我用嘴巴碰碰他，他打了个哈欠，说他现在

hái bù xiǎng chū qù huó dòng　yīn wèi yǔ jì hái méi lái ne
还不想出去活动，因为雨季还没来呢。

wǒ jiǎ zhuāng xià hu tā shuō　　xǐ huan chī sù shí kǒng
我假装吓唬他说："喜欢吃素食恐

lóng de shuāng guān lóng mǎ shàng jiù yào dào zhè er lái le　tā
龙的双冠龙马上就要到这儿来了！"他

tīng le　háo bù yóu yù de zhàn qǐ lái wèn wǒ　nà
听了,毫不犹豫地站起来,问我："那

zhǐ kě wù de jiā huo zài nǎ er　bìng qiě lì kè zuò
只可恶的家伙在哪儿?"并且立刻做

hǎo le táo pǎo de zhǔn bèi
好了逃跑的准备。

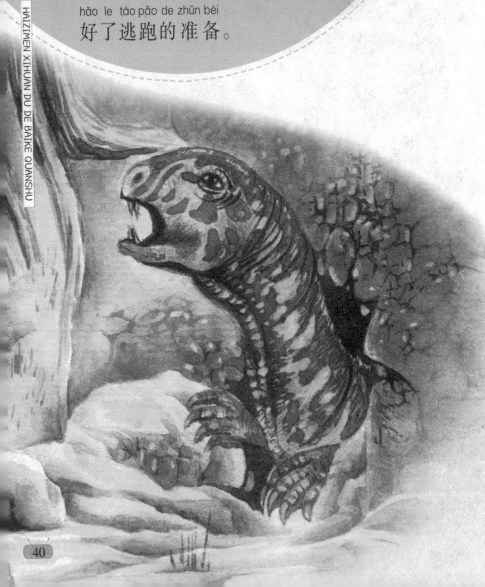

双冠龙

- 长度：6米
- 种类：角冠龙类
- 食物：小蜥蜴、昆虫
- 生存地域：美国亚利桑那州

wǒ hā hā dà xiào shuō   shuāng guān
我哈哈大笑，说："双冠

lóng zài shā mò nà biān de cǎo cóng zhōng shuì jiào
龙在沙漠那边的草丛中睡觉

ne   nǐ bú bì rú cǐ jīng huāng   jǐ chǐ lóng tīng
呢，你不必如此惊慌。"畸齿龙听

le   shēn chū zhǎo lái zhuā wǒ   wǒ yí xià zi fēi dào
了，伸出爪来抓我，我一下子飞到

kōng zhōng   gào su tā bú yào zǒng shì shuì dà jiào
空中，告诉他不要总是睡大觉。

zài zhū luó jǐ zǎo qī de shí ròu kǒng lóng zhōng
在侏罗纪早期的食肉恐龙中，

ràng dà jiā xiǎng qǐ lái jiù jīng kǒng bù ān de yào shǔ
让大家想起来就惊恐不安的要数

shuāng guān lóng le shuāng guān lóng
双冠龙了。双冠龙

shì yì zhǒng fēi tóng xún cháng de
是一种非同寻常的

kǒng lóng tā tóu bù zhǎng yǒu liǎng
恐龙。他头部长有两

piàn báo báo de guān zhuàng wù xíng
片薄薄的冠状物，形

zhuàng hěn xiàng bàn gè yuè liang
状很像半个月亮。

shuāng guān lóng shǔ yú shí ròu de xū gǔ lóng jiā zú　hé qí tā jiā zú chéng

双 冠龙属于食肉的虚骨龙家族。和其他家族 成

yuán yí yàng　shuāng guān lóng shēn tǐ shòu xuē　xíng dòng mǐn jié　dàn hé qí tā

员一样，双 冠龙身体瘦削，行动敏捷。但和其他

chéng yuán　rú sān dié jì shí qī

成 员，如三叠纪时期

de xū xíng lóng xiāng bǐ　shuāng

的虚形龙 相比，双

guān lóng yòu bǐ tā men dà

冠龙又比他们大

de duō

得多。

身高足有6米的双冠龙，嘴巴长而宽，里面长满了尖利的牙齿，他可以毫不费力地一口咬下一大块肉，然后不慌不忙地咀嚼。

素食恐龙

素食恐龙主要以植物为食。板龙是素食恐龙的主要代表；三角龙是头上长角的恐龙，体形巨大，它们的角长达1~2米，是用来自我保护的；剑龙是在地球上生存1亿多年的素食恐龙，体形与大象不相上下，头部特别小，尾巴和身体一样长。

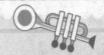

在动物的进化过程中，一旦有新食物出现，就必然会进化出以此为食的动物。素食恐龙身上有大量的肉，所以就进化出了食肉恐龙来猎食素食恐龙。

wǒ zài zhēn yè shù lín biān fēi guò shí
我在针叶树林边飞过时，

céng jīng qīn yǎn kàn jiàn yì zhī xíng dòng bú biàn
曾经亲眼看见一只行动不便

de lǎo bǎn lóng bèi yì zhī xíng dòng mǐn jié de
的老板龙被一只行动敏捷的

shuāng guān lóng yí xià zi pū dǎo shuāng
双冠龙一下子扑倒，双

guān lóng yǎo zhù bǎn lóng jiān bǎng shang de yí
冠龙咬住板龙肩膀上的一

kuài ròu hěn hěn de sī le xià lái
块肉，狠狠地撕了下来。

最早的素食恐龙

板龙是以植物为食的素食恐龙，是三叠纪已知的最大的恐龙，也是三叠纪最大的陆生动物。在2亿年前，它们常常出没在河畔湖边的蕨类森林和常绿树丛中。

老板龙虽然个头儿和 双 冠龙差不多,但他显然
没有 双 冠龙力气大,他挣扎了几下,最终 还是倒在
了地上,任凭 双 冠龙宰割。

shuāng guān lōng bìng bù zǒng shì liè shí dà xíng kǒng lóng yǒu shí tā yě duì
双 冠龙并不总是猎食大型恐龙,有时他也对

xiǎo dòng wù gǎn xìng qù shuāng guān lóng bí zi qián duān tè bié xiá zhǎi yīn cǐ tā
小动物感兴趣。双 冠龙鼻子前端特别狭窄,因此他

kě yǐ cóng dī ǎi de shù cóng zhōng jiāng xī yì lǎ chū lái chī diào
可以从低矮的树丛 中 将蜥蜴拉出来吃掉。

yí gè xià wǔ wǒ cóng hǎi shang fēi huí lái zài yán shí shang xiū xi wǒ
一个下午，我从海上飞回来，在岩石上休息。我
gāng bì shàng yǎn jing jiù tīng jiàn yán shí xià miàn yǒu dòng jing wǒ fēi qù yí kàn
刚闭上眼睛就听见岩石下面有动静，我飞去一看，

yuán lái yì zhī shuāng guān
原来一只双冠
lóng zhèng cóng yán shí fèng
龙正从岩石缝
zhōng xiàng wài lā yì zhī
中向外拉一只
xiǎo tuó shòu
小驼兽。

 双冠龙的头冠

双冠龙头上的圆形头冠很脆弱，不可能作为武器，可能是用来作视觉辨别的。双冠龙在觅食的时候，遇到抢夺猎物的恐龙，会与其进行打斗。但如果它们的头冠被咬到，便会感到疼痛，这时即使猎物再美味，双冠龙也会放弃猎物逃走。

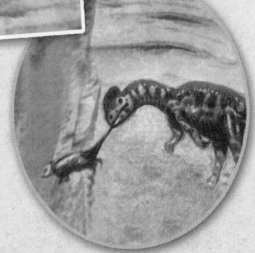

wǒ dāng rán bù néng ràng tā zhè yàng
我 当 然 不 能 让 他 这 样

duì dài wǒ de péng you   wǒ yí gè fǔ
对 待 我 的 朋 友，我 一 个 俯

chōng xià qù   xiàng zhe shuāng guān lóng de
冲 下 去，向 着 双 冠 龙 的

yǎn jing zhuó qù   tā shì xiān méi yǒu rèn hé
眼 睛 啄 去，他 事 先 没 有 任 何

fáng bèi   jí máng duǒ kāi wǒ de jìn gōng
防 备，急 忙 躲 开 我 的 进 攻，

xiǎo tuó shòu biàn chèn cǐ jǐ huì táo zǒu le
小 驼 兽 便 趁 此 机 会 逃 走 了。

 双冠龙的灭绝

　　双冠龙曾是地球上的一个庞大的家族。它们统治着天空、陆地和海洋，是当时最凶猛的恐龙之一，那个时期的任何动物都无法与其抗衡。这样一个庞大的种群，竟然在白垩纪时期消失得干干净净，让人十分惊奇。

shuāng guān lóng zì rán bù xiǎng fàng guò wǒ　　tā dà jiào zhe tiào dào bàn kōng
双 冠龙自然不想 放过我,他大叫着跳到半空

zhōng　shēn chū zhǎo xiǎng bǎ wǒ zhuài xià lái　　wǒ lǐ yě méi lǐ tā　jìng zhí fēi huí
中,伸出爪 想把我拽下来,我理也没理他,径直飞回

yán shí shang de cháo xué zhōng shuì jiào qù le
岩石上的巢穴中 睡觉去了。

51

wǒ dé zuì le shuāng guān lóng tā fēi cháng jì hèn wǒ jìng rán zài yí gè
我得罪了双冠龙，他非常记恨我。竟然在一个
yè lǐ chèn wǒ shú shuì shí lái tōu xí wǒ xìng kuī wǒ fēi de kuài bú guò tā dào dǐ
夜里趁我熟睡时来偷袭我，幸亏我飞得快，不过他到底
hái shì bǎ wǒ de cháo xué nòng huài cái jiě hèn shuāng guān lóng wèi shén me zhǎng zhe
还是把我的巢穴弄坏才解恨。双冠龙为什么长着
liǎng piàn tóu guān ne wǒ wèn guo bó xué de huái lóng huái lóng rèn wéi nà yě xǔ shì
两片头冠呢？我问过博学的踝龙，踝龙认为那也许是
shuāng guān lóng fā xìn hào yòng de dàn wǒ cóng lái méi jiàn guo shuāng guān lóng shǐ
双冠龙发信号用的。但我从来没见过双冠龙使
yòng tā dāng rán zhè shì bù néng zhí jiē wèn shuāng guān lóng zì jǐ
用它，当然这事不能直接问双冠龙自己。

踝龙的化石

踝龙又叫腿龙、肢龙、棱背龙。1858年，英格兰人詹姆斯·哈里斯在查茅斯与莱姆里吉斯间的黑崖挖掘制造水泥的材料时，发现了恐龙的四肢骨头碎片，随后发现了比较完整的骨骸。现在，踝龙是英格兰查茅斯遗产海岸中心的主要展出物。

在侏罗纪早期，我认为长得最奇特
的恐龙要数踝龙，他身上披着一层厚
重的铠甲，上面长满了硬疙瘩，
所以我们也管他叫棱背龙。

剑龙

- 长度:7~9 米
- 种类:剑龙类
- 食物:植物
- 生存地域:北美洲西部

huái lóng zhī dào de shì qing bǐ wǒ
踝龙知道的事情比我

xiǎng xiàng de hái yào duō　tā shuō zì jǐ
想象的还要多,他说自己

shì jù jiǎ kǒng lóng jiā zú zuì zǎo de chéng yuán
是具甲恐龙家族最早的成员,

yě jiù shì shuō tā shì jù jiǎ kǒng lóng de zǔ xiān
也就是说他是具甲恐龙的祖先。

tā hái shi hòu lái jiàn lóng de zǔ xiān ne　kě xī
他还是后来剑龙的祖先呢,可惜

wǒ kàn bú dào jiàn lóng le
我看不到剑龙了。

huái lóng de gè tóu er bú suàn hěn dà chéng nián
踝龙的个头儿不算很大，成 年

huái lóng tǐ cháng dà yuē wéi mǐ tā de tuǐ shí fēn cū
踝龙体长大约为4米。他的腿十分粗

zhuàng sì jiǎo zháo dì xíng zǒu dàn yóu yú shēn tǐ bèn
壮，四脚着地行走。但由于身体笨

zhòng xíng dòng chí huǎn yīn cǐ tā wú fǎ
重，行动迟缓，因此他无法

cóng sù dù shang yǔ dí rén kàng héng
从速度上与敌人抗衡。

踝龙

- 长度:3~4米
- 种类:甲龙类
- 食物:植物
- 生存地域:北美洲

bú guò huái lóng hái shi hěn
不过,踝龙还是很

dǒng de bǎo hù zì jǐ de tā de bèi bù fù gài zhe
懂得保护自己的。他的背部覆盖着

jiān yìng de gǔ zhì jiǎ piàn cóng jǐng bù dào wěi bù
坚硬的骨质甲片。从颈部到尾部

mì bù zhe yì pái pái de yìng gē da gē da shàng
密布着一排排的硬疙瘩,疙瘩上

miàn zhǎng mǎn le jiān ruì de cì shì huái lóng
面长满了尖锐的刺,是踝龙

yǒu lì de fáng yù wǔ qì
有力的防御武器。

huái lóng shēn pī zhè yàng yí fù jiān yìng de wài ké　shí ròu kǒng lóng xiǎng yào
踝龙身披这样一副坚硬的外壳,食肉恐龙想要

chī tā　hái zhēn yào kǎo lǜ kǎo lǜ　miǎn de chī bú dào ròu　fǎn ér bèi zhā de mǎn
吃他,还真要考虑考虑,免得吃不到肉,反而被扎得满

zuǐ shì xiě　zhè yàng de shì bú shì méi yǒu fā shēng guo
嘴是血,这样的事不是没有发生过。

wǒ jì mò de shí hou
我寂寞的时候

cháng qù zhǎo huái lóng liáo tiān yǒu
常去找踝龙聊天，有

shí hou hái hé xiǎo huái lóng yì qǐ
时候还和小踝龙一起

dào shān gǔ li wán er   xiǎo huái
到山谷里玩儿。小踝

lóng bèn hū hū de bō kāi jué yè
龙笨乎乎地拨开蕨叶，

pán shān de zǒu dào xiǎo xī páng hē
蹒跚地走到小溪旁喝

shuǐ yàng zi shí fēn kě ài
水，样子十分可爱。

 最早的装甲恐龙

　　在侏罗纪早期，身形较大的素食恐龙开始进化出装甲，踝龙就是最早的装甲恐龙之一。踝龙的装甲是由嵌在皮肤里的骨质鳞甲构成的。皮内成骨并不是踝龙独有的，现代的动物中，鳄鱼、犰狳，以及某些蜥蜴的皮肤里也有这种物质。

nà tiān wǒ zhèng fú zài yán shí shang kàn xiǎo huái lóng zài xī biān hē shuǐ tū
那天，我 正 伏在岩石 上 看小踝龙在溪边喝水。突

rán yì zhī zhǎng zhe xiān yàn gǔ guān de hé fū lóng cóng xī biān de cóng lín zhōng
然，一只 长 着鲜艳骨冠的合跗龙从溪边的丛林中

chōng le chū lái   tā jiàn xiǎo huái lóng shì dān lì bó   biàn
冲了出来，他见小踝龙势单力薄，便

xiàng xiǎo huái lóng fā qǐ le jìn gōng
向小踝龙发起了进攻。

hé fū lóng zhāng kāi dà zuǐ   xiǎng chèn shì cóng xiǎo huái lóng shēn shang sī xià
合跗龙 张开大嘴，想 趁势从小踝龙身上 撕下

yí kuài ròu lái   què méi xiǎng dào xiǎo huái lóng shēn shang de jiān cì shì nà me ruì lì
一块肉来，却没想到小踝龙身上的尖刺是那么锐利。

hé fū lóng gāng yǎo shàng qù jiù kāi shǐ wā wā
合跗龙 刚咬上去就开始哇哇

dà jiào   jiān cì bǎ hé fū lóng
大叫，尖刺把合跗龙

de zuǐ zhā de xiān xuè zhí liú
的嘴扎得鲜血直流。

 踝龙的鳞甲

踝龙的颈部、背部、臀部以平行、规则的方式排列着鳞甲，而四肢与尾巴上排列着较小的鳞甲。踝龙的侧面腹部也有鳞甲，这些鳞甲呈圆锥状，和小盾片龙的刀锋状鳞甲非常不同。

jiàn cǐ qíng xing wǒ hái shi bù gǎn dà yi jí máng fēi huí qù zhǎo dào cǎi

见此情形，我还是不敢大意，急忙飞回去找到踩

lóng mā ma cǎi lóng men tīng shuō le zhè jiàn shì hòu quán tǐ chū dòng yì qǐ cháo zhe

龙妈妈。踩龙们听说了这件事后全体出动，一起朝着

xiǎo xī de fāng xiàng bēn qù

小溪的方向奔去。

素食恐龙有一个特点：如有敌人进攻，他们会围成一圈，将幼龙保护在中间，其余的成年恐龙则团结在一处准备对付来犯的敌人。

合跗龙本想趁小踝龙脱离群体时美餐一顿，却没想到他不但把嘴扎破了，还惹起众怒。面对十几只成年踝龙，合跗龙再也不敢打小踝龙的主意了，只好逃之夭夭。

zài zhū luó jì zǎo qī hái yǒu
在侏罗纪早期还有
yì zhǒng quán fù wǔ zhuāng de kǒng
一种全副武装的恐
lóng jiào xiǎo dùn piàn lóng　tā hé huái
龙叫小盾片龙。他和踝
lóng yí yàng　quán shēn fù gài zhe yì
龙一样，全身覆盖着一
pái pái gǔ zhì dùn jiǎ　qí mù dì
排排骨质盾甲，其目的
dāng rán yě shì wèi le bǎo hù zì
当然也是为了保护自
jǐ　dǐ yù tiān dí de jìn gōng
己，抵御天敌的进攻。

小盾片龙的尾巴

　　小盾片龙的意思是"有细小鳞甲的爬行动物"，它们主要生活在侏罗纪早期的美国亚利桑那州。小盾片龙的叶状牙齿表明它们以植物为食，但是缺少颊囊。它们有一条是身体长度 1.5 倍的尾巴，在快速奔跑的时候可以保持身体平衡。

HAIZIMEN XIHUAN DU DE BAIKE QUANSHU

suí zhe kǒng lóng zhǒng qún zài lù dì
随着恐龙 种群在陆地

shang de fán yǎn hé jìn huà sù shí kǒng lóng
上 的繁衍和进化, 素食恐龙

xué huì le hěn duō duǒ bì shí ròu kǒng lóng
学会了很多躲避食肉恐龙

gōng jī de jì qiǎo yǒu de pǎo de fēi
攻击的技巧: 有的跑得飞

kuài yǒu de pī shàng zhuāng jiǎ
快, 有的披上 装甲。

自我保护

小盾片龙的身上覆盖着一排排坚硬的骨质脊突, 用来自我保护, 以防御天敌的进攻。它们大部分时间是用四肢着地, 当遭遇袭击的时候, 就会将身体蜷缩起来, 将硬甲冲着攻击者。当敌人咬它们的时候, 会被骨刺刺痛。

xiǎo dùn piàn lóng shì zuì zǎo de jì néng kuài pǎo yòu shēn pī zhuāng jiǎ de sù
小盾片龙是最早的既能快跑又身披装甲的素

shí kǒng lóng tā shēn cái bù gāo tǐ tài qīng yíng wěi ba yóu qí cháng shèn zhì
食恐龙。他身材不高，体态轻盈，尾巴尤其长，甚至

bǐ tā de shēn tǐ hái cháng
比他的身体还长。

xiǎo dùn piàn lóng cháng cháng shì sì zhī zháo dì bēn pǎo   ér qiě pǎo qǐ lái sù
小 盾 片 龙 常 常 是 四 肢 着 地 奔 跑,而 且 跑 起 来 速

dù fēi kuài   dà duō shù shí hou tā dōu néng duǒ guò dí rén de zhuī jī   zhè zhēn shì
度 飞 快。大 多 数 时 候 他 都 能 躲 过 敌 人 的 追 击,这 真 是

ràng qí tā sù shí kǒng lóng xiàn mù de yí xiàng běn lǐng
让 其 他 素 食 恐 龙 羡 慕 的 一 项 本 领。

双冠龙的物种历史

双冠龙的第一个标本是一位古生物学家在 1970 年确定发现的。这具有明显的两个冠饰的新标本，被命名为双冠龙，中文译为月面谷双冠龙。第二个命名种是中国双冠龙，比较类似南极洲的冰脊龙。第三个命名种是奇特双冠龙，是在 1999 年被命名的。

bú guò xiǎo dùn piàn lóng
不过，小盾片龙
yě bú shì měi yí cì dōu néng táo
也不是每一次都能逃
tuō dí rén de zhuī jī yǒu yí
脱敌人的追击。有一
cì wǒ zài yán shí shang xiū
次，我在岩石上休
xi kàn jiàn shuāng guān lóng zhèng
息，看见双冠龙正
zài zhuī xiǎo dùn piàn lóng xiǎo dùn
在追小盾片龙，小盾
piàn lóng jí jí máng máng de zuān
片龙急急忙忙地钻
jìn ǎi shù cóng zhōng
进矮树丛中。

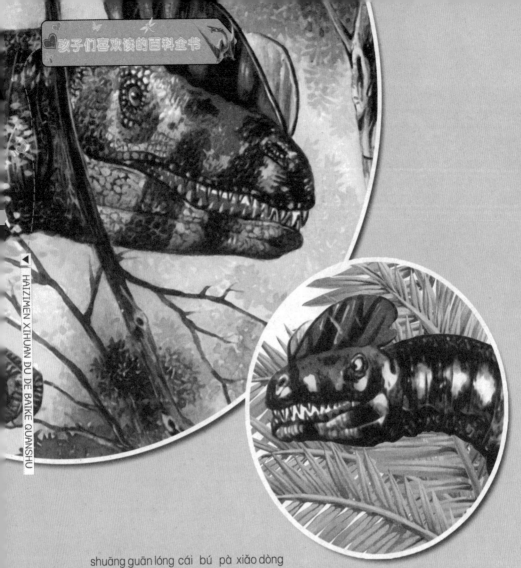

shuāng guān lóng cái bú pà xiǎo dòng
双 冠 龙 才 不 怕 小 动

wù wǎng shù cóng lǐ zuān ne tā nà yòu
物 往 树 丛 里 钻 呢，他 那 又

xì yòu cháng de dà zuǐ néng jiāng xiǎo dòng
细 又 长 的 大 嘴 能 将 小 动

wù cóng ǎi shù cóng zhōng lā chū lái xiǎo
物 从 矮 树 丛 中 拉 出 来，小

dùn piàn lóng yě bú lì wài
盾 片 龙 也 不 例 外。

双冠龙

在 1993 年的电影《侏罗纪公园》与同名原著小说《侏罗纪公园》之中双冠龙多次出现。电影中，导演将双冠龙的体形缩减成幼年个体，只是一只长 1.5 米、高 0.9 米的小型恐龙。而在小说中，双冠龙的高度足有 3 米。

kě shì guò le yí huì er　　wǒ fā xiàn shuāng guān lóng liǎng shǒu kōng kōng de
可是过了一会儿，我发现 双 冠龙 两手空空地

zǒu le　　tā shén me yě méi dé dào　zhè shì zěn mo huí shì ne　　wǒ gǎn dào fēi cháng
走了，他什么也没得到，这是怎么回事呢？我感到非 常

qí guài　　biàn fēi dào shù cóng zhōng kàn kan dào dǐ fā shēng le shén me shì
奇怪，便飞到树丛 中 看看到底发生了什么事。

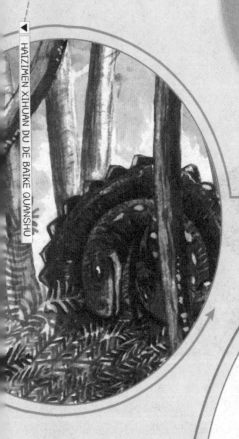

zhǐ jiàn nà zhī xiǎo dùn piàn lóng
只见那只小盾片龙

zài dì shang quán zhe shēn tǐ　quán
在地上蜷着身体，全

shēn de yìng jiǎ dōu chòng zhe wài cè　cóng
身的硬甲都冲着外侧，从

tóu dào wěi　mǎn shì jiān lì de dīng cì　shuāng
头到尾，满是尖利的钉刺。双

guān lóng dāng rán bú huì diāo qǐ zhè me yì zhī hún
冠龙当然不会叼起这么一只浑

shēn jiān cì de dòng wù
身尖刺的动物。

wǒ yòng chì bǎng pèng peng xiǎo dùn piàn lóng gào su tā kě
我 用 翅膀 碰 碰 小 盾 片 龙，告诉他可

wù de shuāng guān lóng yǐ jīng zǒu yuǎn le tā cái shū zhǎn kāi
恶 的 双 冠 龙 已经 走 远 了，他 才 舒 展 开

shēn tǐ chòng wǒ xī xī xiào zhe shuō tā men dōu bù xǐ huan
身 体，冲 我 嘻嘻 笑 着 说："他们 都 不 喜 欢

wǒ zhè shēn kuī jiǎ dàn shì wǒ xǐ huan
我 这 身 盔 甲，但是 我 喜 欢。"

suī rán hěn duō lù dì dòng wù dōu xiàn mù wǒ néng zài tiān kōng
虽然很多陆地动物都羡慕我能在天空

zhōng fēi xiáng dàn wǒ què hěn xiàn mù nà xiē néng zài shuǐ zhōng zì
中飞翔，但我却很羡慕那些能在水中自

yóu yóu dòng de dòng wù shuǐ li hǎo chī de yú yí dìng hěn
由游动的动物。水里好吃的鱼一定很

duō ér qiě nà er yě yí dìng bǐ jì mò de tiān kōng
多，而且那儿也一定比寂寞的天空

rè nao de duō
热闹得多。

游速很快的鱼龙

鱼龙长得很像海豚，整个头骨呈三角形，它们有一个很长、有齿的吻。鱼龙的体形适宜游泳，身体呈碟状，两边微凹，脊椎骨和尾椎则狭长而扁平。鱼龙的游速可达40千米／时。而且它们的眼睛直径最大可达30厘米，所以它们的视力很好。

wǒ cháng cháng zài hǎi miàn
我 常 常 在 海 面

shang dī fēi kàn jiàn hǎi yáng zhōng jù
上 低 飞，看 见 海 洋 中 聚

jí le dà liàng gè zhǒng gè yàng de shēng wù
集 了 大 量 各 种 各 样 的 生 物。

yǒu yì zhǐ tiào chū shuǐ miàn hū xī xīn xiān kōng qì de yú
有 一 只 跳 出 水 面 呼 吸 新 鲜 空 气 的 鱼

lóng gào su wǒ hǎi dǐ yǒu xǔ duō de dòng wù hé zhí wù
龙 告 诉 我，海 底 有 许 多 的 动 物 和 植 物。

鱼龙是一种很奇特的海洋爬行动物，它在水中行动敏捷，身体呈流线型，长有强有力的后鳍和尾巴。鱼龙每小时能游40千米以上，这可比我在空中飞行快多了。

鱼龙

长度:2~8米

种类:爬行类

食物:乌贼、鱼类

生存地域:海洋

wǒ men xiǎo shí hou dōu shì cóng dàn ké li
我们小时候都是从蛋壳里

zuān chū lái de   hé wǒ men zhè qún huì fēi de pá xíng dòng
钻出来的,和我们这群会飞的爬行动

wù bù tóng   yú lóng què shì zhí jiē zài shuǐ zhōng shēng xià
物不同,鱼龙却是直接在水中生下

xiǎo yú lóng de   tā men shǔ yú tāi shēng
小鱼龙的,他们属于胎生

ér bú shì luǎn shēng
而不是卵生。

zài yú lóng de jiā zú zhōng　zuì cháng de yú lóng jiào shā ní lóng　shā ní lóng
在鱼龙的家族中，最长的鱼龙叫沙尼龙，沙尼龙

dà yuē yǒu　mǐ cháng　wǒ jīng cháng jiàn dào de　yí gè péng you jiào　lí piàn chǐ
大约有15米长。我经常见到的一个朋友叫离片齿

lóng　tā yǒu　mǐ cháng　xǐ huan zài wēn nuǎn de qiǎn shuǐ zhōng shēng huó
龙，他有9米长，喜欢在温暖的浅水中生活。

lí piàn chǐ lóng xǐ huan
离片齿龙喜欢

chī yú hé qí tā hǎi yáng shēng
吃鱼和其他海洋生

wù yǒu shí tā huì cóng hǎi dǐ
物，有时他会从海底

gěi wǒ dài yì xiē hǎo chī de shí
给我带一些好吃的食

wù shàng lái bìng tīng wǒ jiǎng
物上来，并听我讲

xǔ duō guān yú tiān kōng hé lù
许多关于天空和陆

dì shang fā shēng de shì qing
地上发生的事情。

混鱼龙

　　混鱼龙是一种比较原始的鱼龙类，它们的体形很像现在的海豚，但要比海豚大很多。它们的四肢已经进化成了鳍状，凭借着大大的嘴、尖利的牙齿，它们可以很轻易地吃掉蛇颈龙。

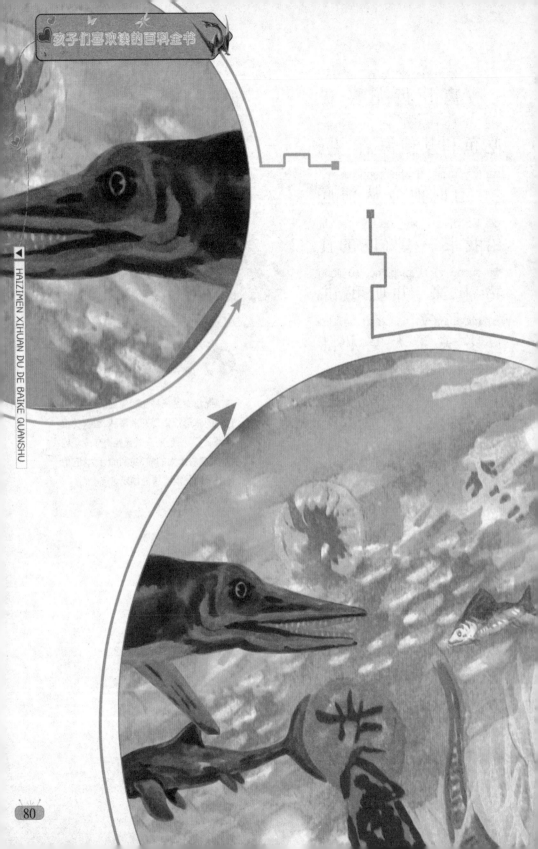

hǎi li de shēng wù bìng bù bǐ lù dì shang de shǎo   zài hǎi dǐ   yǒu zhǎng

海里的 生 物并不比陆地上 的少。在海底，有长

zhe wǔ tiáo chù shǒu de hǎi xīng   yǒu wài xíng hěn xiàng zhí wù de dòng wù hǎi bǎi hé

着五条触手的海星，有外形很 像 植物的动物海百合，

hái yǒu zài wān qū bèi ké zhōng zhǎng zhe yè tǐ zhuàng shēn tǐ de jú shí

还有在弯曲贝壳 中 长 着液体 状 身体的菊石。

海百合

海百合是一种生活在深海中的棘皮动物，据统计现在有 700 多个种类。它们身体呈花状，因为表面有石灰质的壳，长得像植物百合，所以人们就给它们起了海百合这个名字。海百合是一种古老的无脊椎动物，食物粒沿食物沟进入口内。

wǒ bǐ jiào xǐ huan chī chā lín yú   chā
我比较喜欢吃叉鳞鱼，叉

lín yú de ròu shí fēn xiān měi   lí piàn chǐ lóng
鳞鱼的肉十分鲜美。离片齿龙

zuì xǐ huan chī de shì jiàn shí   tā shuō jiàn shí
最喜欢吃的是箭石，他说箭石

de wèi dào hěn bú cuò   dàn jiàn shí zǒng chén zài
的味道很不错。但箭石总沉在

hǎi dǐ   wǒ gēn běn jiù zhuō bú dào
海底，我根本就捉不到。

zài suǒ yǒu de hǎi yáng dòng wù zhōng，wǒ zuì bù xǐ huan de shì shé jǐng lóng
在所有的海洋动物中，我最不喜欢的是蛇颈龙。

shé jǐng lóng bú suàn shì yóu yǒng néng shǒu，dàn tā zài shuǐ zhōng de dòng zuò hái shi xiāng
蛇颈龙不算是游泳能手，但他在水中的动作还是相

dāng mǐn jié de，tā píng jiè
当敏捷的，他凭借

kuān dà de qí zài shuǐ zhōng
宽大的鳍在水中

zì yóu de yóu dòng
自由地游动。

 蛇颈龙的习性

　　蛇颈龙的外形很像一条蛇穿过一个乌龟壳：小小的头，长长的脖子，短短的尾巴。蛇颈龙的头虽然很小，但是嘴巴却很大，嘴里满是细长的锥形牙齿，能将鱼类牢牢地捉住。它既能在水中自由游动，又能上岸产卵繁殖后代。

shé jǐng lóng zhǎng zhe cháng cháng de bó zi　kě yǐ líng huó bǎi dòng　bāng zhù tā
蛇颈龙 长 着 长 长 的脖子,可以灵活摆动, 帮 助他

bǔ shí liè wù　zuì kě wù de shì tā jīng
捕食猎物。最可恶的是他经

cháng bǎ tóu shēn chū shuǐ miàn xún zhǎo liè
常 把头伸出水面寻找猎

wù　zhè qí zhōng jiù bāo kuò wǒ men yì
物,这其中就包括我们翼

lóng　tā shì wǒ men zuì dà de dí rén
龙,他是我们最大的敌人。

尼斯湖水怪

　　尼斯湖最为著名的地方并不是它美丽的风景,而是在湖底生活的水怪。早在1500年前,就有人声称见到过尼斯湖水怪,后来通过很多目击者的描述,水怪的模样最终确定为蛇颈龙。

yǒu yí cì　　wǒ hé lìng wài yì zhī èr xíng chǐ yì lóng zài hǎi miàn shang zhǎo
有一次，我和另外一只二型齿翼龙在海面上找

yú chī　tū rán yí zhèn shuǐ xiǎng　hái méi děng wǒ men fǎn yìng guò lái　shé jǐng lóng
鱼吃。突然一阵水响，还没等我们反应过来，蛇颈龙

jiù cóng shuǐ zhōng shēn chū nǎo dai　yì kǒu yǎo zhù wǒ de tóng bàn er　jiāng tā tuō jìn
就从水中伸出脑袋，一口咬住我的同伴儿，将他拖进

hǎi zhōng
海中。

wǒ xià de chà diǎn er diē jìn hǎi zhōng pīn mìng de xiàng hǎi àn biān fēi qù
我吓得差点儿跌进海中，拼命地向海岸边飞去。

wǒ zài hǎi biān de yán shí shang xiū xi le dà bàn tiān cái huǎn guò shén lái xiǎng dào
我在海边的岩石上休息了大半天才缓过神来，想到

cóng cǐ shǎo le yí wèi péng you wǒ de xīn lǐ hěn nán guò
从此少了一位朋友，我的心里很难过。

凶猛的离片齿龙

离片齿龙是一种生活在侏罗纪晚期的鱼龙。其分布在欧洲,身长9米,牙齿锋利,以大个儿的鱿鱼和其他动物为食,性情十分凶猛,只要遇到食物或者是敌人就毫不顾忌地扑上前去。离片齿龙靠巨大的尾巴和鳍在水中游动。

dàn dì èr tiān　lí piàn chǐ lóng jiù wèi wǒ de péng you bào le chóu　nà tiān
但第二天,离片齿龙就为我的朋友报了仇。那天,

tā zài hǎi dǐ yóu lái yóu qù zhǎo yú chī　yì zhǐ shé jǐng lóng bù huāng bù máng de
他在海底游来游去找鱼吃,一只蛇颈龙不慌不忙地

yóu guò lái　chòng zhe lí piàn chǐ lóng kàn zhòng de yì tiáo yú zhāng kāi le dà zuǐ
游过来,冲着离片齿龙看中的一条鱼张开了大嘴。

lí piàn chǐ lóng duì cǐ hěn shēng qì   tā háo bú kè qi de
离片齿龙对此很生气,他毫不客气地

xiàng shé jǐng lóng fā qǐ le gōng jī   shé jǐng lóng xiǎng kuài sù táo
向蛇颈龙发起了攻击,蛇颈龙想快速逃

diào   dàn lí piàn chǐ lóng yóu de bǐ tā kuài duō le   jǐ
掉,但离片齿龙游得比他快多了,几

xià zi jiù bǎ shé jǐng lóng zhuàng yūn le
下子就把蛇颈龙撞晕了。

离片齿龙

长度:9 米

种类:鱼龙类

食物:鱿鱼和其他海洋动物

生存地域:海洋

zì cǐ yǐ hòu　　wǒ zài hǎi miàn shang fēi
自此以后,我在海面 上飞

xíng de shí hou bǐ yǐ qián xiǎo xīn le　　wǒ jǐn shèn
行的时候比以前小心了,我谨慎

de xuǎn zé nà xiē kàn qǐ lái fēng píng làng jìng de
地选择那些看起来风平浪静的

hǎi yù bǔ shí　　huò shì tīng cóng　lí piàn chǐ lóng de
海域捕食,或是听从离片齿龙的

quàn gào　　dào qiǎn shuǐ biān qù mì shí
劝告,到浅水边去觅食。

zhū luó jì zǎo qī　wǒ men yì lóng shì tiān kōng de
侏罗纪早期，我们翼龙是天空的

tǒng zhì zhě　ér hǎi yáng shì yú lóng tǒng zhì de　lù dì
统治者，而海洋是鱼龙统治的，陆地

zé shì kǒng lóng de tiān xià　zhè zhǒng tài shì yì zhí yán
则是恐龙的天下，这种态势一直延

xù le hǎo cháng shí jiān
续了好长时间。

 恐龙的祖先

　　恐龙属于爬行动物中的双孔类，在双孔类中有一大类动物是古龙类，在古龙类中又有一大类动物叫槽齿类，这类动物因为它们的牙齿长在齿槽内而得名。科学家认为槽齿类的某些类型是恐龙的祖先。

zhū luó jì zǎo qī bìng bú shì kǒng lóng zhǒng lèi
侏罗纪早期并不是恐龙种类

zuì duō de shí qī　dàn zhè yì shí qī què chū xiàn le hěn
最多的时期,但这一时期却出现了很

duō kǒng lóng de zǔ xiān　tā men zài zhè piàn dà lù
多恐龙的祖先,他们在这片大陆

shang chéng zhǎng　zhuàng dà
上成长、壮大。

当我渐渐地老去，就像我的老祖母一样老的时候，我发现大地上的恐龙家族又有了一些变化：许多恐龙消失了，还有许多恐龙进化成了另外的样子。

zhū luó jì wǎn qī shǐ
侏罗纪晚期，始

zǔ niǎo chū xiàn le tā shì zuì
祖鸟出现了，他是最

zǎo de niǎo lèi shǐ zǔ niǎo zhǎng
早的鸟类。始祖鸟长

zhe piào liang de cǎi sè yǔ máo
着漂亮的彩色羽毛，

ràng wǒ jì xiàn mù yòu jí dù
让我既羡慕又嫉妒，

yīn wèi wǒ yì zhí dào lǎo shēn
因为我一直到老，身

shang hái shi guāng tū tū de
上还是光秃秃的。

始祖鸟的外形

始祖鸟名字的意思是"首先的鸟"。始祖鸟同时拥有鸟类和兽脚亚目的特征。羽毛与现代鸟类的羽毛很像，但是颚骨上有牙齿，而且很锋利。脚上的三趾有弯爪。它的尾巴是骨质的，这在始祖鸟演化过程中具有重要意义。

扫码后回复"翼龙特征"即可获得更多恐龙知识

扫码后回复"始祖鸟"即可获得更多恐龙知识

始祖鸟的发现地

迄今为止,始祖鸟仍是最原始、最古老的古鸟类。德国巴伐利亚州的索伦霍芬在考古界是一个非常著名的地方,因为现在发现的所有关于始祖鸟的标本都是出自这里,这里以古生物化石发现圣地而享誉全世界。

shǐ zǔ niǎo cháng cháng zài mào mì de hóng shān shù lín jiān huá xiáng   tā men
始祖鸟常常在茂密的红杉树林间滑翔,他们

yǒu shí yě jiè zhù zhǎng zài chì bǎng shang de zhǎo pá dào shù shang   shǐ zǔ niǎo de
有时也借助长在翅膀上的爪爬到树上。始祖鸟的

jiào shēng hěn qīng cuì   hěn yuǎn jiù néng tīng de jiàn
叫声很清脆,很远就能听得见。

shǐ zǔ niǎo zài lín jiān chuān xíng   bǔ shí nà xiē zài kōng zhōng fēi xíng de xiǎo
始祖鸟在林间穿行,捕食那些在空中飞行的小

chóng zǐ   yǒu shí hái huì tū rán fǔ chōng xià qù   xí jī nà xiē shēng huó zài dì
虫子,有时还会突然俯冲下去,袭击那些生活在地

miàn shang de xiǎo dòng wù   wǒ jué de shǐ zǔ niǎo bǐ wǒ huó de hái yào kuài huo
面上的小动物。我觉得始祖鸟比我活得还要快活。

zài zhū luó jì wǎn qī
在侏罗纪晚期
de lù dì shang wǒ jiàn guo
的陆地上，我见过
de zuì kě pà de kǒng lóng yào
的最可怕的恐龙要
shǔ yì tè lóng le tā men
数异特龙了。他们
jīng cháng chéng qún jié duì de
经常 成群结队地
chū xiàn zài sēn lín de biān yuán
出现在森林的边缘
dì dài
地带。

扫码后回复"侏罗
纪"即可获得更多
恐龙知识

xiōng měng de yì tè lóng zhǎng zhe   mǐ duō cháng de dà nǎo dai   tā de zuǐ

凶 猛 的异特龙 长 着1米多 长 的大脑袋,他的嘴

ba yě hěn dà   lǐ miàn zhǎng mǎn le jiān lì de yá chǐ   měi cì kàn jiàn tā xiàng zhe

巴也很大,里面 长 满了尖利的牙齿。每次看见他向着

tiān kōng zhāng kāi dà zuǐ dǎ hā qian   wǒ dōu bèi xià de mǎ shàng fēi zǒu

天空 张 开大嘴打哈欠,我都被吓得马上飞走。

扫码后回复"异特
龙"即可获得更多
恐龙知识

扫码后回复"翼龙
新种"即可获得更
多恐龙知识

wǒ fā xiàn yì tè lóng rú guǒ dān dú huó dòng tā jiù xǐ huan zhuī jī xiǎo
我发现,异特龙如果单独活动,他就喜欢追击小

xíng sù shí kǒng lóng nà tiān zài cóng lín biān shang yì zhī yì tè lóng dīng shàng
型素食恐龙。那天,在丛林边上,一只异特龙盯上

le yì zhī zhèng zài mì shí de xiǎo wān
了一只正在觅食的小弯

lóng tā háo bú kè qi de zhuī le guò
龙,他毫不客气地追了过

qù xiǎo wān lóng fā xiàn yǒu dí rén cóng
去。小弯龙发现有敌人从

hòu miàn xí jī zì jǐ biàn mǎ shàng
后面袭击自己,便马上

xiàng cóng lín li pīn mìng de fēi bēn
向丛林里拼命地飞奔。

dàn yì tè lóng pǎo de bǐ tā kuài duō
但异特龙跑得比他快多

le méi děng xiǎo wān lóng pǎo jìn cóng lín yì tè lóng biàn pū le shàng qù
了,没等小弯龙跑进丛林,异特龙便扑了上去。

弯龙

　　弯龙意为"可弯曲的蜥蜴",因为它四肢站立时身体呈拱形。弯龙体型庞大,与禽龙极为相似,因此科学家推断它可能是禽龙的近亲。弯龙由于身体笨重,行动迟缓,大部分时间都四肢着地。但它也能用后腿直立起来去吃长在高处的植物。

cán bào de yì tè lóng zhāng kāi xuè
残暴的异特龙张开血

pén dà kǒu yǎo zhù xiǎo wān lóng de hòu tuǐ
盆大口,咬住小弯龙的后腿,

měng de yì sī xiǎo wān lóng zhī chí bú
猛地一撕。小弯龙支持不

zhù yí xià zi shuāi dǎo le xiān xuè liú
住,一下子摔倒了,鲜血流

le yí dì hǎo zài xiǎo wān lóng duì téng tòng
了一地。好在小弯龙对疼痛

bù mǐn gǎn bù rán tā huì hěn téng de
不敏感,不然他会很疼的。

弯 龙

- 长度:5~7米
- 种类:鸟脚类
- 食物:植物
- 生存地域:欧洲西部和
  美国西部

<ruby>接<rt>jiē</rt></ruby><ruby>下<rt>xià</rt></ruby><ruby>来<rt>lái</rt></ruby>，<ruby>异<rt>yì</rt></ruby><ruby>特<rt>tè</rt></ruby><ruby>龙<rt>lóng</rt></ruby><ruby>就<rt>jiù</rt></ruby><ruby>开<rt>kāi</rt></ruby><ruby>始<rt>shǐ</rt></ruby><ruby>了<rt>le</rt></ruby><ruby>一<rt>yí</rt></ruby><ruby>顿<rt>dùn</rt></ruby><ruby>美<rt>měi</rt></ruby><ruby>餐<rt>cān</rt></ruby>。<ruby>异<rt>yì</rt></ruby><ruby>特<rt>tè</rt></ruby><ruby>龙<rt>lóng</rt></ruby><ruby>用<rt>yòng</rt></ruby><ruby>他<rt>tā</rt></ruby><ruby>第<rt>dì</rt></ruby><ruby>一<rt>yī</rt></ruby><ruby>只<rt>zhī</rt></ruby><ruby>手<rt>shǒu</rt></ruby><ruby>指<rt>zhǐ</rt></ruby><ruby>上<rt>shang</rt></ruby><ruby>的<rt>de</rt></ruby><ruby>大<rt>dà</rt></ruby><ruby>爪<rt>zhǎo</rt></ruby>，<ruby>一<rt>yí</rt></ruby><ruby>下<rt>xià</rt></ruby><ruby>子<rt>zi</rt></ruby><ruby>勾<rt>gōu</rt></ruby><ruby>进<rt>jìn</rt></ruby><ruby>小<rt>xiǎo</rt></ruby><ruby>弯<rt>wān</rt></ruby><ruby>龙<rt>lóng</rt></ruby><ruby>的<rt>de</rt></ruby><ruby>咽<rt>yān</rt></ruby><ruby>喉<rt>hóu</rt></ruby>，<ruby>将<rt>jiāng</rt></ruby><ruby>可<rt>kě</rt></ruby><ruby>怜<rt>lián</rt></ruby><ruby>的<rt>de</rt></ruby><ruby>小<rt>xiǎo</rt></ruby><ruby>弯<rt>wān</rt></ruby><ruby>龙<rt>lóng</rt></ruby><ruby>杀<rt>shā</rt></ruby><ruby>死<rt>sǐ</rt></ruby>。

yì tè lóng měi cān zhī hòu　 zhǐ shèng xià le yì duī suì gǔ　 yǒu shí　 tiān
异特龙美餐之后，只 剩 下了一堆碎骨。有时，天

shàng de yì lóng huì kàn zhǔn shí jī fēi xià lái chī nà xiē shèng ròu　wǒ cóng lái méi
上 的翼龙会看准时机飞下来吃那些 剩 肉。我从来没

yǒu xià qù chī guo　yīn wéi wǒ lǎo le　 zhǐ xǐ huan chī xīn xiān de yú
有下去吃过，因为我老了，只喜欢吃新鲜的鱼。

dāng yì tè lóng chéng qún huó dòng shí   tā men de mù biāo zé shì nà xiē tǐ
当异特龙 成 群活动时,他们的目标则是那些体

xíng jù dà de sù shí kǒng lóng   xiàng liáng lóng huò léi lóng nà yàng de dà xíng kǒng
型巨大的素食恐龙,像 梁 龙或雷龙那样的大型恐

lóng   dà xíng sù shí kǒng lóng
龙。大型素食恐龙

suī rán bù hǎo duì fu   dàn shì
虽然不好对付,但是

tā men de ròu hěn duō
他们的肉很多。

异特龙的化石

1991 年, 考古学家在美国怀俄明州发现了一具完整度高达 95%的、天然状态的异特龙的标本,取名为"大艾尔",现在是最著名的异特龙化石之一。异特龙的脑容量比一般恐龙要大,所以它是侏罗纪时期智商最高的大型食肉恐龙。

zài guǎng kuò de píng yuán shang jù dà de liáng lóng kàn qǐ lái jiù xiàng yí
在广阔的平原上，巨大的梁龙看起来就像一

zuò xiǎo shān tā zài lù dì shang màn màn
座小山，他在陆地上慢慢

de xíng zǒu xún zhǎo zhe kě yǐ chī de shí
地行走，寻找着可以吃的食

wù liáng lóng sì zhī cū zhuàng bó zi
物。梁龙四肢粗壮，脖子

hé wěi ba dōu hěn cháng hěn shǎo yǒu dòng
和尾巴都很长，很少有动

wù gǎn yǔ tā wéi dí
物敢与他为敌。

有名的梁龙

梁龙是最容易辨认的恐龙之一，也是有史以来陆地上最长的动物之一，凡是知道恐龙的人都认识梁龙。梁龙以其巨大的身形、长长的脖子和尾巴以及强壮的四肢而著称。梁龙由于身体很短，背部骨骼较轻，因此体重只有十几吨重。

如果异特龙单独行动，他是不敢去招惹梁龙的；

但当异特龙一起行动时，他们不怕任何大型动物。

成群的异特龙会一同向梁龙发起进攻。

miàn duì yì qún dí rén de jìn gōng   liáng lóng shǐ jìn er de shuǎi dòng tā nà
面对一群敌人的进攻，梁龙使劲儿地甩动他那

tiáo xì cháng ér yǒu lì de wěi ba   xī wàng néng gǎn zǒu dí rén   dàn yì tè lóng bìng
条细长而有力的尾巴，希望能赶走敌人。但异特龙并

bú shì xiǎo dòng wù   tā men bú pà liáng lóng de cháng wěi ba
不是小动物，他们不怕梁龙的长尾巴。

yì zhī yì tè lóng bèi dǎ pǎo le　　lìng yì zhī yòu chōng shàng lái　　liáng lóng
一只异特龙被打跑了，另一只又冲上来，梁龙

zǒng shì bèi chéng qún de yì tè lóng bāo wéi zhe　　zuì hòu　　shí jǐ zhī yì tè lóng yì
总是被成群的异特龙包围着。最后，十几只异特龙一

qí yōng shàng lái　　yòng tā men de jiān chǐ lì zhǎo gōng jī liáng lóng　　hěn kuài　　liáng
齐拥上来，用他们的尖齿利爪攻击梁龙，很快，梁

lóng bèi tuī fān zài dì
龙被推翻在地。

异特龙的牙齿

　　异特龙长着巨大的脑袋，嘴巴特别大，可怕的大嘴里面满是向后弯曲的像刀子一样锋利的牙齿，这些牙齿很容易脱落，但是又会重新长出来。它们的牙齿十分适于撕咬，而且不会让肉掉出外面。

liáng lóng zuò le yì fān zhēng zhá zuì hòu hái shi bèi chéng
梁龙做了一番挣扎,最后还是被成

qún de yì tè lóng dǎ bài le tā mǎn shēn shì xiě de dǎo zài dì
群的异特龙打败了,他满身是血地倒在地

shang rèn píng nà qún xiōng è de jiā huo yòu sī yòu yǎo
上,任凭那群凶恶的家伙又撕又咬。

梁龙

- 长度：27米
- 种类：蜥脚类
- 食物：植物
- 生存地域：北美洲西部

异特龙进食的时候，体形瘦小的嗜鸟龙在一旁看着，并寻找机会冲上去偷一块肉吃。那些喜欢吃剩饭的翼龙也会在天空中盘旋，等着分点儿吃的。

zài zhū luó jì wǎn qī　bú shì suǒ yǒu de shí ròu
在侏罗纪晚期，不是所有的食肉

kǒng lóng dōu zhǎng de xiàng yì tè lóng nà yàng gāo dà
恐龙都长得像异特龙那样高大，

yǒu yì zhǒng tǐ xíng shòu xiǎo de shí ròu kǒng lóng　tā
有一种体型瘦小的食肉恐龙，他

men zhǎng de hé shǐ zǔ niǎo chà bu duō dà
们长得和始祖鸟差不多大，

zhǐ shì méi yǒu yǔ máo bà le　　tā men
只是没有羽毛罢了，他们

jiù shì xì è lóng
就是细颚龙。

细颚龙

- **长度**：不足1米
- **种类**：虚骨龙类
- **食物**：小型的脊椎动物
- **生存地域**：欧洲

xì è lóng shì tǐ xíng zuì xiǎo　zhòng liàng zuì
细颚龙是体型最小、重量最

qīng de kǒng lóng　tā men tǐ cháng bù zú　mǐ　zuǐ ba xiá
轻的恐龙。他们体长不足1米，嘴巴狭

zhǎi　lǐ miàn zhǎng mǎn le xì mì de yá chǐ　xì è lóng de
窄，里面长满了细密的牙齿。细颚龙的

qián zhǎo shí fēn líng huó　měi zhī zhǎo shang zhǎng yǒu liǎng
前爪十分灵活，每只爪上长有两

gè zhǐ zhǎo
个指爪。

xì è lóng xǐ huan zài hǎi tān shang bēn pǎo   xǐ huan wēn nuǎn de yáng guāng
细颚龙喜欢在海滩上奔跑,喜欢温暖的阳光

zhào zài shēn shang de gǎn jué   ài chī nà xiē zài hǎi biān dī fēi de xiǎo kūn chóng
照在身上的感觉,爱吃那些在海边低飞的小昆虫。

^{yǒu yì tiān} 有一天，^{wǒ zài hǎi miàn shang dī fēi} 我在海面上低飞，^{xiǎng zhuō tiáo yú chī} 想捉条鱼吃，^{kàn jiàn yǒu} 看见有

^{yì zhī mǔ xì è lóng zài hǎi tān} 一只母细颚龙在海滩

^{shang de mǎ wěi cǎo cóng zhōng zhǎo} 上的马尾草丛中找

^{dì fang xià dàn} 地方下蛋。

细颚龙与始祖鸟

细颚龙又叫美颌龙，它是一种细小的恐龙，还是始祖鸟的近亲。细颚龙与始祖鸟这两种动物在体形、大小以及身材比例上十分相似，所以没有羽毛的始祖鸟骨骼经常会被误认为是细颚龙。科学家们更是通过细颚龙来研究鸟类。

tā zhǎo le jǐ gè dì fang dōu bú shì hěn mǎn yì　zhèng zài zhè shí　tā kàn
她找了几个地方都不是很满意。正在这时，她看

jiàn yì zhī cháng wěi xī yì zài hǎi tān shang pǎo dòng　mǔ xì è lóng zì rán bú huì
见一只长尾蜥蜴在海滩上跑动。母细颚龙自然不会

fàng guò zhè yàng de měi wèi　tā háo bù yóu yù de
放过这样的美味，她毫不犹豫地

pǎo le guò qù
跑了过去。

cháng wěi xī yì fā xiàn mǔ xì è lóng chōng le guò lái jí máng táo pǎo
长尾蜥蜴发现母细颚龙冲了过来,急忙逃跑。

jīng guò yí duàn shí jiān de zhuī zhú mǔ xì è lóng zhuī shàng le cháng wěi xī yì tā
经过一段时间的追逐,母细颚龙追上了长尾蜥蜴,她

yòng jiān lì de xì yá diāo zhù cháng wěi xī yì háo bù liú qíng de jiāng tā zhěng gè
用尖利的细牙叼住长尾蜥蜴,毫不留情地将他整个

tūn jìn dù zi li
吞进肚子里。

小巧的细颚龙

　　长期以来,细颚龙一直被认为是最小型的恐龙,经常出现在漫画、电影当中。在《侏罗纪公园》的原著小说中,细颚龙被描写为一种小群体生活的恐龙,但实际上,并没有科学证据显示它们有这种社会行为。

chī guo dà cān mǔ
吃过大餐,母

xì è lóng shū shu fú fú
细颚龙舒舒服服

de shēn le yí gè lǎn
地伸了一个懒

yāo zhè shí tā cái fā xiàn
腰。这时她才发现

zì jǐ zài bù zhī bù jué
自己在不知不觉

zhōng pǎo jìn le hǎi li
中跑进了海里,

yí gè dà làng guò lái tā
一个大浪过来,她

bèi juǎn jìn le hǎi zhōng
被卷进了海中。

我当时正在海面上低飞，本想过去帮她一把。但等我飞过去的时候，母细颚龙已经被海水呛晕了，随着海浪漂向了远方。

奥斯尼尔龙的命名

奥斯尼尔龙名字的意思是"奥塞内尔的"，是一种小型恐龙，只有1.4米长。它们最初是在1877年被美国著名的恐龙搜集家奥塞内尔·查理斯·马什命名为雷克斯侏儒龙。直到100年后，它们才重新被命名为奥斯尼尔龙。

还有一种和细颚龙差不多大的恐龙叫奥思尼尔龙。他体长约1.4米，体重很轻，后腿和尾巴都很长，前爪上长有五个指。与细颚龙不同的是，奥思尼尔龙是素食恐龙。

奥思尼尔龙的嘴巴不大，嘴巴前部没有牙齿。

他吃东西时，常常用坚硬的嘴巴把植物扯下来，然后用嘴巴后部强健的牙齿将食物磨碎。

wǒ zhī dào ào sī ní ěr lóng shì yì zhī dǎn zi bú dà de xiǎo jiā huo wǒ ǒu
我知道奥思尼尔龙是一只胆子不大的小家伙，我偶

ěr hé tā kāi wán xiào yǒu yí cì tā dào
尔和他开玩笑。有一次他到

wǒ xiū xi de dì fang mì shí wǒ zài shù
我休息的地方觅食，我在树

lín zhōng měng de pāi pai chì bǎng tā tīng
林中猛地拍拍翅膀，他听

jiàn xiǎng shēng xià de gǎn jǐn pǎo kāi
见响声，吓得赶紧跑开。

奥斯尼尔龙的外形

　　奥斯尼尔龙虽然是一种体型很小的恐龙，但是身手很敏捷。它们和棱齿龙长得非常相像，唯一不同的地方就是牙齿。在著名的科幻小说《侏罗纪公园》中，奥斯尼尔龙成了一种能爬树的小恐龙，但是至今没有任何证据能够证明这个说法。

wǒ kàn jiàn tā pǎo le　jí máng zhuī shàng qù　duì tā shuō　shì wǒ　xiǎo
我看见他跑了，急忙追上去，对他说："是我，小

jiā huo　bié hài pà　tā zhuǎn shēn kàn qīng shì wǒ　hěn bù gāo xìng de wèn　lǎo
家伙，别害怕！"他转身看清是我，很不高兴地问："老

yì lóng　nǐ bú qù zhǎo yú chī　xià hu wǒ gàn shén me
翼龙，你不去找鱼吃，吓唬我干什么？"

wǒ shuō bié bù gāo xìng xiǎo jiā huo táo pǎo shí yě yào xué huì pàn duàn
我说:"别不高兴,小家伙,逃跑时也要学会判断

dí qíng zhēn jiǎ cái xíng bù rán nǐ de dǎn zi huì yuè lái yuè xiǎo de wǒ de huà
敌情真假才行,不然你的胆子会越来越小的。"我的话

yǒu yí dìng de dào lǐ xī wàng tā qù shì zhe gǎi biàn zì jǐ
有一定的道理,希望他去试着改变自己。

wǒ de zhòng duō péng you zhōng yǒu yí
我的众多朋友中有一

gè kuài pǎo néng shǒu　tā jiù
个快跑能手,他就

shì zhé chǐ lóng　tā tǐ gé jiàn
是磔齿龙。他体格健

zhuàng　liǎng tiáo hòu tuǐ hěn
壮 ,两条后腿很

cháng　pǎo qǐ lái sù dù fēi
长 ,跑起来速度飞

kuài　wǒ hái méi tīng shuō zhū luó
快。我还没听说侏罗

jì shí qī yǒu bǐ tā pǎo de
纪时期有比他跑得

gèng kuài de kǒng lóng ne
更快的恐龙呢。

磔齿龙

　　磔齿龙又叫槲龙、树龙、橡树龙。它们可能是群居生活的。由于既没有利爪也没有尖牙,所以一旦受到袭击,它们唯一的办法就是逃跑。想想看,一大群受惊的磔齿龙奔跑时激起阵阵的尘土,那情景一定很壮观。

yǒu yì tiān zhé chǐ lóng hé yì zhī
有一天，碟齿龙和一只

yì shǒu lóng dǎ dǔ kàn shéi néng zuì kuài dào
翼手龙打赌看谁能最快到

dá yuǎn fāng de mù dì dì tā men ràng
达远方的目的地，他们让

wǒ lái zuò píng pàn yì shǒu lóng zài tiān
我来做评判。翼手龙在天

shàng pīn mìng de fēi zhé chǐ lóng zài dì
上拼命地飞，碟齿龙在地

shang shǐ jìn er de pǎo
上使劲儿地跑。

翼手龙的化石

最大的巨型翼手龙翼展可达 16 米，当人们第一次发现翼手龙化石时，不能确定是什么动物，有人说它生活在海洋中，也有人说它是鸟和蝙蝠的过渡种。后来才认识到这是一种会飞的蜥蜴，并称它为"翼手龙"。

wǒ qīn yǎn kàn jiàn zài dì shang pǎo de zhé chǐ lóng zuì xiān dào dá le mù dì
我亲眼看见在地上跑的磔齿龙最先到达了目的

dì tā pǎo de zhēn shì kuài jí le dāng yì shǒu lóng chuǎn zhe cū qì dào dá mù dì
地,他跑得真是快极了。当翼手龙喘着粗气到达目的

dì de shí hou zhé chǐ lóng yǐ jīng zài nà er pā le hǎo yí huì er le
地的时候,磔齿龙已经在那儿趴了好一会儿了。

zhū luó jì wǎn qī　kǒng lóng de zhǒng lèi shì fēi cháng duō de　zài guǎng kuò
侏罗纪晚期，恐龙的种类是非常多的。在广阔

de dà dì shang　dào chù dōu yǒu kǒng lóng de shēn yǐng　tā men shēng huó zài fán mào
的大地上，到处都有恐龙的身影。他们生活在繁茂

de sēn lín lǐ hé liáo kuò de dà píng yuán shang
的森林里和辽阔的大平原上。

索德斯龙

索德斯龙有修长、非圆形的头部,颌部长而尖,颈部粗而结实,其牙齿长而倾斜。长长的像鞭子一样的尾巴占了其身长的一半以上。索德斯龙的头上没有冠饰,尾端也没有结状物。它们眼睛很小,鼻孔大,可以嗅到猎物的气味。

zhè yì shí qī　yě yǒu wǒ men
这一时期,也有我们
yì lóng jiā zú zhōng de jǐ gè chéng
翼龙家簇中的几个成
yuán　qí zhōng bǐ jiào yǒu míng de shì
员,其中比较有名的是
jué hé lóng hé suǒ dé sī lóng　tā men
掘颌龙和索德斯龙,他们
zài tiān kōng zhōng zì zài de fēi xiáng　yǐ hòu nǐ men yě xǔ huì rèn shi tā men
在天空中自在地飞翔。以后你们也许会认识他们。

© 雨 田 2019

图书在版编目（CIP）数据

翼龙的神奇之旅 / 雨田主编 . -- 沈阳 : 辽宁少年
儿童出版社 , 2019.1
（孩子们喜欢读的百科全书）
ISBN 978-7-5315-7815-4

Ⅰ . ①翼… Ⅱ . ①雨… Ⅲ . ①恐龙－少儿读物 Ⅳ .
① Q915.864-49

中国版本图书馆 CIP 数据核字 (2018) 第 217437 号

出版发行：北方联合出版传媒（集团）股份有限公司
　　　　　辽宁少年儿童出版社
出 版 人：张国际
地　　址：沈阳市和平区十一纬路 25 号
邮　　编：110003
发行部电话：024-23284265　23284261
总编室电话：024-23284269
E-mail：lnsecbs@163.com
http : //www.lnse.com
承 印 厂：北京一鑫印务有限责任公司

责任编辑：纪兵兵
助理编辑：石　旭
责任校对：段胜雪
封面设计：新华智品
责任印制：吕国刚

幅面尺寸：155mm×225mm
印　　张：8　　　　　字数：123 千字
出版时间：2019 年 1 月第 1 版
印刷时间：2019 年 1 月第 1 次印刷
标准书号：ISBN 978-7-5315-7815-4
定　　价：29.80 元